Klaus Drotziger, Klaus Schmid

Prüfungsvorbereitung Metallbauer/-in Konstruktionsmechaniker/-in

AF810455

Abschlussprüfung Teil 1

Lösungen

2. Auflage

Bestellnummer 05284

Bildungsverlag EINS
westermann

Dieses Lösungsheft ist Bestandteil des Arbeitsbuches Prüfungsvorbereitung Metallbauer/-in und Konstruktionsmechaniker/-in – Abschlussprüfung Teil 1" mit der Bestellnummer 05284.

service@bv-1.de
www.bildungsverlag1.de

Bildungsverlag EINS GmbH
Ettore-Bugatti-Straße 6-14, 51149 Köln

ISBN 978-3-427-**05284**-5

westermann GRUPPE

© Copyright 2018: Bildungsverlag EINS GmbH, Köln
Das Werk und seine Teile sind urheberrechtlich geschützt. Jede Nutzung in anderen als den gesetzlich zugelassenen Fällen bedarf der vorherigen schriftlichen Einwilligung des Verlages.
Hinweis zu § 52a UrhG: Weder das Werk noch seine Teile dürfen ohne eine solche Einwilligung eingescannt und in ein Netzwerk eingestellt werden. Dies gilt auch für Intranets von Schulen und sonstigen Bildungseinrichtungen.

Inhaltsverzeichnis Lösungen

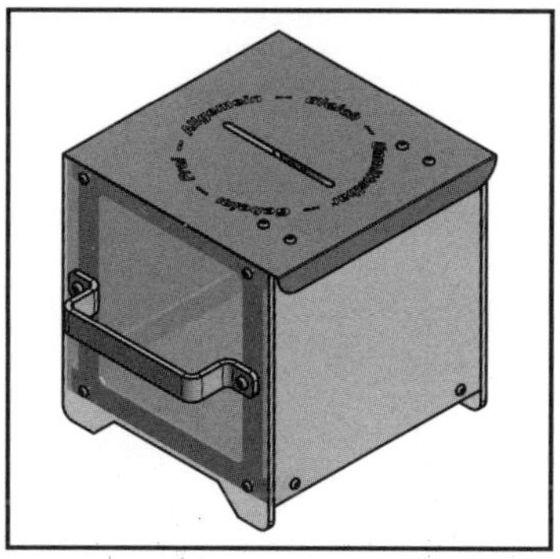

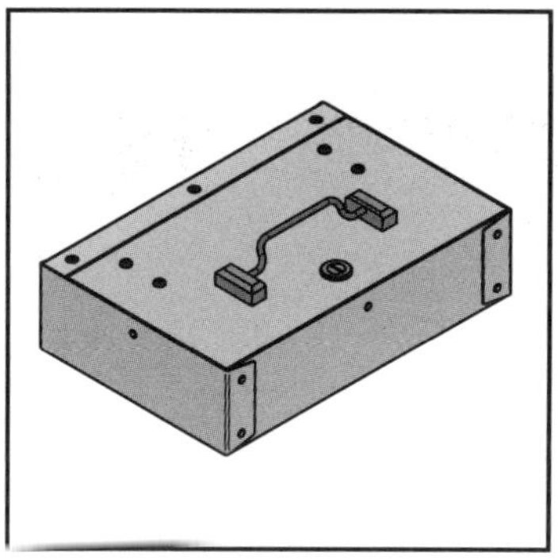

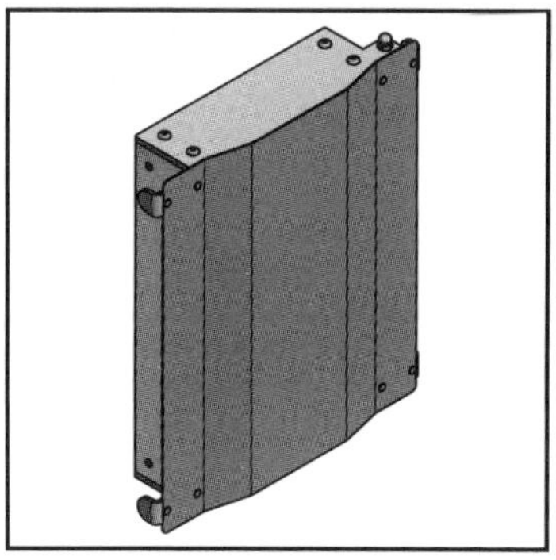

© Westermann Gruppe

Prüfung 1: Messgerätehalter

Lösungen

Berechnung der Ergebnisse der schriftlichen Aufgabenstellungen:

Teil **A** mit Divisor: 0,4 → z. B.: **A** = $\frac{20 \text{ Punkte}}{0{,}4} = 50\ \%$

Teil **B** mit Divisor: 4,6 → z. B.: **B** = $\frac{230 \text{ Punkte}}{4{,}6} = 50\ \%$

Gewichtung:
Schriftliche Aufgaben Teil **A**: 50 %
Schriftliche Aufgaben Teil **B**: 50 %

© Westermann Gruppe

Abschlussprüfung Teil 1 – Schriftliche Aufgabenstellung

Lösungen Teil A

1	②
2	①
3	③
4	③
5	④
6	③
7	②
8	①
9	①
10	③
11	③
12	①
13	①
14	②
15	①
16	③
17	③
18	①
19	④
20	③

Hinweise zur Bewertung

Schriftliche Aufgaben:
Es sind:
Teil **A**
– 20 gebundene Aufgaben à 1 Punkt

Teil **B**
– 23 ungebundene Aufgaben à 10 Punkte

Berechnung der Ergebnisse der schriftlichen Aufgabenstellungen:

Teil **A** mit Divisor:
0,4 → z. B.: $\mathbf{A} = \frac{20 \text{ Punkte}}{0{,}4} = 50\ \%$

Teil **B** mit Divisor:
4,6 → z. B.: $\mathbf{B} = \frac{230 \text{ Punkte}}{4{,}6} = 50\ \%$

Gewichtung:
Schriftliche Aufgaben Teil **A**: 50 %
Schriftliche Aufgaben Teil **B**: 50 %

© Westermann Gruppe

Abschlussprüfung Teil 1 – Schriftliche Aufgabenstellung

Lösungen Teil B

U1

Der Messgerätehalter wird auf den Tisch gestellt. Er nimmt ein Multimeter auf. Mit der Hand zieht man die Abdeckung nach vorne, um das Messgerät einzulegen. Dabei wird das Gegengewicht nach oben gedreht. Nach dem Loslassen der Abdeckung zieht die Gewichtskraft das Gegengewicht nach unten und schließt die Abdeckung. Das Messgerät ist geschützt.

U2

Benennung	Aufgabe und Funktion
Pos. 3: „Abdeckung"	– Ermöglicht das Einlegen und Entnehmen des Multimeters – Schützt das Messgerät von vorne und von der Seite
Pos. 4: „Lagerbolzen"	– Stellt die Drehachse der Abdeckung und des Gegengewichts dar
Pos. 5: „Gegengewicht"	– Das Gegengewicht schließt die Abdeckung nach dem Einlegen

U3

Geg.: siehe Zeichnung AP1-1
Ges.: L

Lösung:

$L = l_1 + l_2 + l_3 + 2 \cdot l_4$

Nebenrechnung:

$$l_4 = \frac{d \cdot \pi \cdot a}{360°} = \frac{21\text{ mm} \cdot \pi \cdot 60°}{360°} = 11\text{mm}$$

$L = 22\text{ mm} + 192\text{ mm} + 35\text{ mm} + 2 \cdot 11\text{ mm}$ $\qquad$ $\underline{\underline{L = 271\text{ mm}}}$

Antwort: Die theoretische Gesamtlänge des Bauteils Bügel beträgt 271 mm.

U4

Geg.: Material aus der Teileliste: Fl DIN EN 10058 – 40 x 20 x 88; $m' = 6{,}28$ kg/m (Tabellenbuch)
Ges.: F_G

Lösung:

$F_G = m \cdot g$

$m = m' \cdot l = 6{,}28\text{ kg/m} \cdot 0{,}088\text{ m} = 0{,}553\text{ kg}$

$F_G = 0{,}553\text{ kg} \cdot 9{,}81\text{ m/s}^2 = \underline{\underline{5{,}42\text{ N}}}$

Antwort: Das Gegengewicht hat eine Gewichtskraft von 5,42 N.

© Westermann Gruppe

Abschlussprüfung Teil 1 – Schriftliche Aufgabenstellung

U5

Der Stahl ist für den allgemeinen Stahlbau für mittlere Belastungen geeignet. Er verfügt über eine gute Schweißeignung und ist gut umformbar.

U6

Angabe	Bedeutung
Fl DIN 10058	Warmgewalzter Flachstahl Deutsches Institut für Normung Normnummer 10058
EN	Europa Norm/Europäische Norm
40	Nennbreite 40 mm
20	Dicke 20 mm
88	Zuschnittlänge 88 mm

U7

Kennzeichnung der Festigkeitsklasse von Schrauben aus vergütetem Stahl
(Anmerkung: Es ist keine Berechnung von 8.8 erforderlich.)

U8

- Messschieber
- Stahlmaßstab
- Bandmaß bzw. Gliedermaßstab

U9

Der Grenzlehrdorn hat eine Gutseite und eine Ausschussseite.
Diese Ausschussseite ist mit einem roten Ring gekennzeichnet.
Passt keine der beiden Seiten in die Bohrung, ist diese zu klein.
Passt die Ausschussseite, ist die Bohrung zu groß und folglich Ausschuss.
Passt die Gutseite in die Bohrung, ist diese im Maß.

U10

	Maß 88 mm	Maß 5 mm
Nennmaß	88	5
Höchstmaß	88,3	5,1
Mindestmaß	87,7	4,9
Toleranz	0,6	0,2

© Westermann Gruppe

Prüfung 1	Teil B	Metallbauer/-in Konstruktionsmechaniker/-in	Messgerätehalter

Abschlussprüfung Teil 1 – Schriftliche Aufgabenstellung

U11

Mithilfe des Anschlagwinkels oder des Haarwinkels

U12

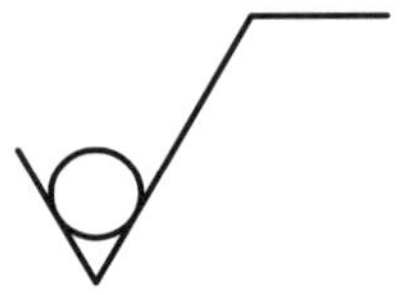	Materialabtrag unzulässig; Oberfläche bleibt im Anlieferungszustand

U13

- Lange Haare durch Haarnetz oder Mütze schützen
- Eng anliegende Kleidung
- Werkstück festspannen
- Schutzbrille tragen
- Beim Durchbohren Druck verringern
- etc.

U14

Gehörschutz benutzen

U15

- Schneidengeometrie überprüfen
- Vorschub verkleinern
- Schnittwerte überprüfen

U16

$n = 2\,800\ \text{min}^{-1}$

U17

Geg.: $v_c = 40\ \text{m/min}$; $d = 5\ \text{mm}$
Ges.: n in min^{-1}

Lösung:

$$n = \frac{v_c}{\pi \cdot d} = \frac{40\ \text{m/min}}{\pi \cdot 0{,}005\ \text{m}} = \underline{\underline{2\,546\ \text{min}^{-1}}}$$

Antwort: Die rechnerisch ermittelte Drehzahl beträgt 2 546 Umdrehungen pro Minute.

© Westermann Gruppe

Abschlussprüfung Teil 1 – Schriftliche Aufgabenstellung

U18

Die Bohrung darf keinesfalls kleiner ausfallen, da sich sonst der Lagerbolzen verklemmt oder die Abdeckung nicht mehr bewegt werden kann.

U19

Angabe	Bedeutung
	Kehlnaht
— — ——	Bezugsstrichlinie/Naht auf Pfeilseite
135	Anzuwendendes Schweißverfahren, MAG-Schweißen
a2	Nahtdicke 2 mm

U20

- Keine Schlacke
- Guter Einbrand
- Einfach in der Handhabung
- Schnell
- Wirtschaftlich

U21

- Mindestbiegeradius
- Walzrichtung
- Rückfederung einberechnen
- Gestreckte Länge ermitteln

© Westermann Gruppe

Abschlussprüfung Teil 1 – Schriftliche Aufgabenstellung

U22

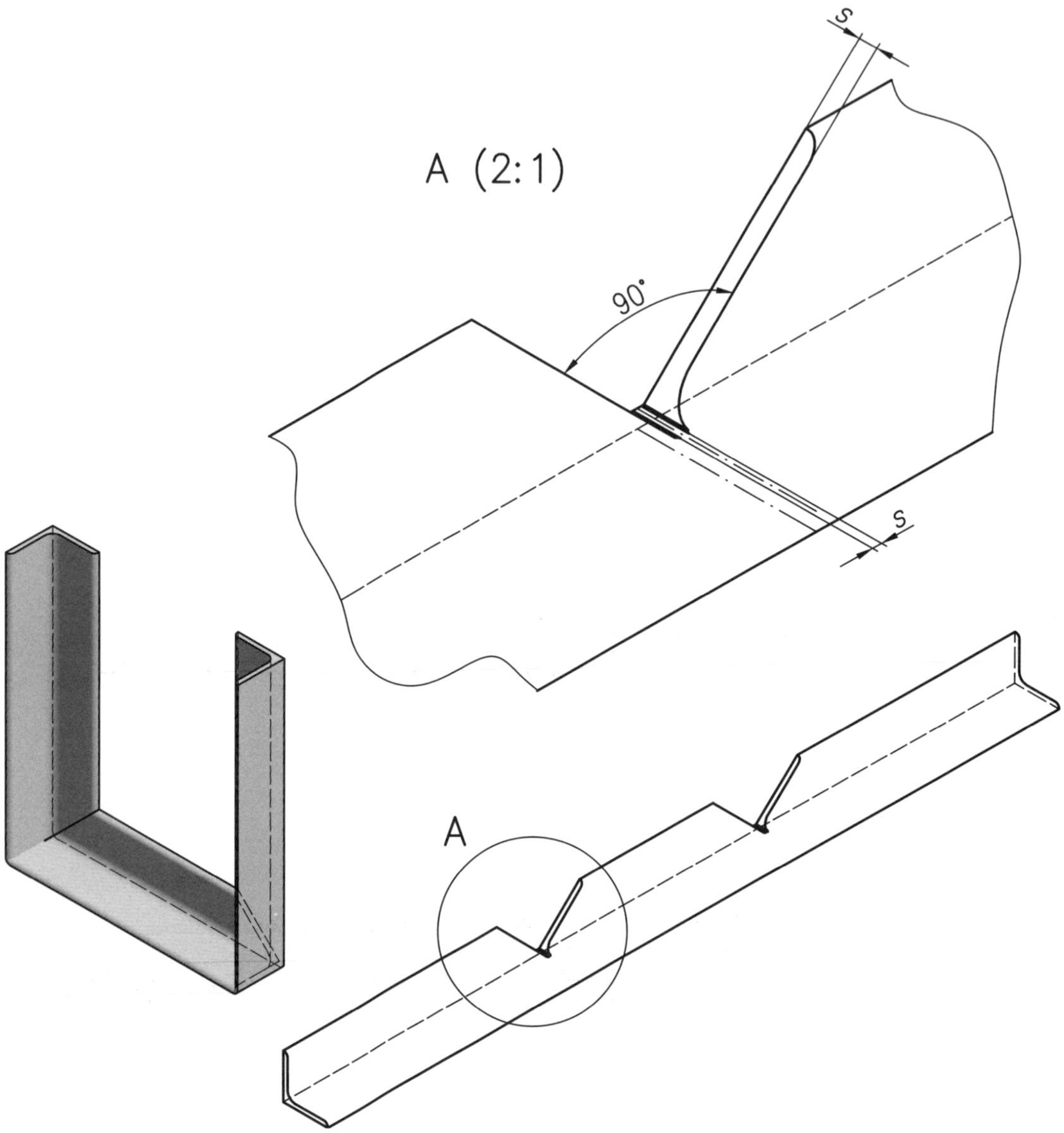

Lösung zu Aufgabe U22
Als Lösung soll der Prüfling die Ausklinkung (Ansicht A) skizzieren.
Andere Ansichten sind zulässig.

U23

Nr.	Arbeitsschritt	Benötigte Werkzeuge und Hilfsmittel
1	Rohmaße prüfen	Messschieber, Stahlmaßstab
2	Biegestelle anreißen	Reißnadel, Anschlagwinkel
3	Biegen 90°	Schwenkbiegemaschine
4	Bohrungen anreißen	Höhenreißer
5	Bohrungen körnen	Körner, Schlosserhammer
6	Bohren Ø 4,5 mm	Bohrer Ø 4,5 mm
7	Bohrungen entgraten	Handentgrater, Kegelsenker 60°
8	Senkungen für Senkschraube senken	Kegelsenker 90°
9	Werkstück entgraten	Flachfeile
10	Endkontrolle	Flachwinkel, Stahlmaßstab, Messschieber

© Westermann Gruppe

Prüfung 2: Wahlurne

Lösungen

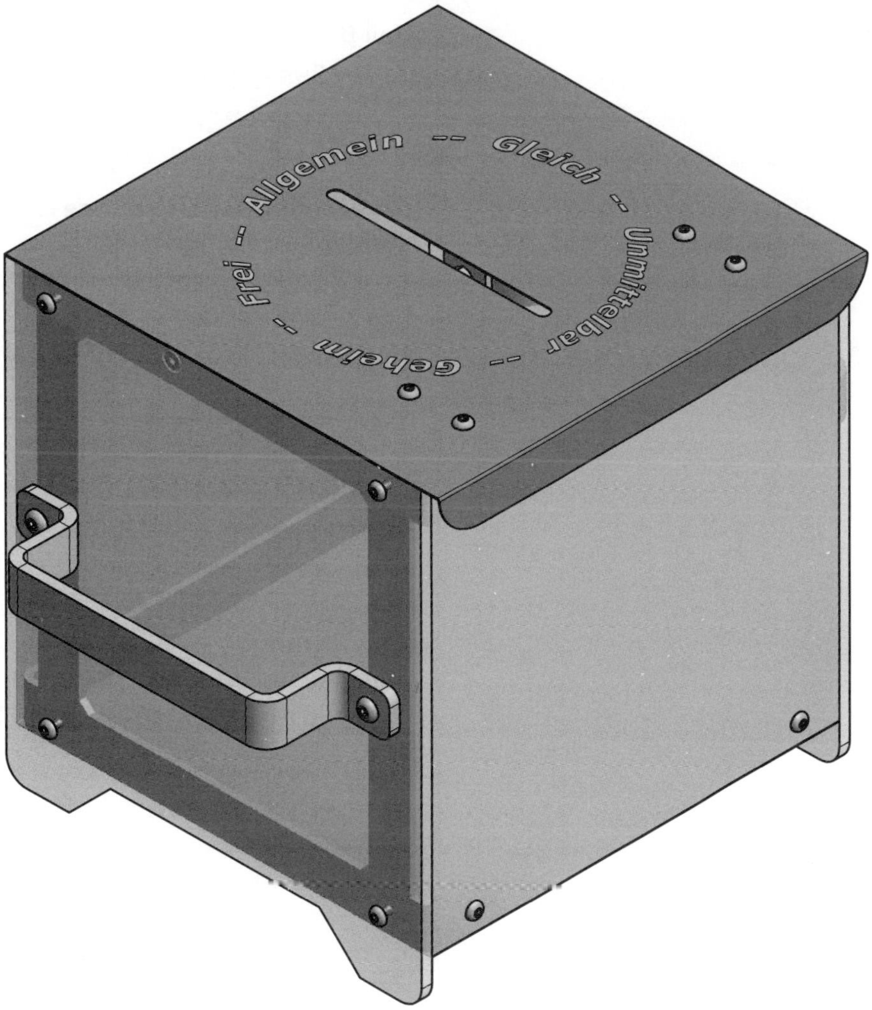

Berechnung der Ergebnisse der schriftlichen Aufgabenstellungen:

Teil **A** mit Divisor: 0,4 → z. B.: **A** = $\frac{20 \text{ Punkte}}{0{,}4} = 50\ \%$

Teil **B** mit Divisor: 4,6 → z. B.: **B** = $\frac{230 \text{ Punkte}}{4{,}6} = 50\ \%$

Gewichtung:
Schriftliche Aufgaben Teil **A**: 50 %
Schriftliche Aufgaben Teil **B**: 50 %

© Westermann Gruppe

Abschlussprüfung Teil 1 – Schriftliche Aufgabenstellung

Lösungen Teil A

1 ②
2 ③
3 ①
4 ①
5 ④
6 ⑤
7 ②
8 ①
9 ①
10 ③
11 ②
12 ④
13 ④
14 ②
15 ①
16 ③
17 ③
18 ③
19 ⑤
20 ④

Hinweise zur Bewertung

Schriftliche Aufgaben:
Es sind:
Teil **A**
– 20 gebundene Aufgaben à 1 Punkt

Teil **B**
– 23 ungebundene Aufgaben à 10 Punkte

Berechnung der Ergebnisse der schriftlichen Aufgabenstellungen:

Teil **A** mit Divisor:
0,7 → z. B.: $\mathbf{A} = \frac{20 \text{ Punkte}}{0{,}4} = 50\ \%$

Teil **B** mit Divisor:
4,6 → z. B.: $\mathbf{B} = \frac{230 \text{ Punkte}}{4{,}6} = 50\ \%$

Gewichtung:
Schriftliche Aufgaben Teil **A**: 50 %
Schriftliche Aufgaben Teil **B**: 50 %

© Westermann Gruppe

Abschlussprüfung Teil 1 – Schriftliche Aufgabenstellung

Lösungen Teil B

U1

Im Ruhezustand ist der Deckel geschlossen.
Durch das Anheben des Deckels werden die angeschraubten Deckelhalter mit angehoben, ebenso die Deckelachse und die Dreharme.
Die Dreharme drehen sich um die Drehachse, sodass der Deckel nur nach hinten gekippt werden kann. Durch das Gewicht der Deckelkonstruktion und die asymmetrische Anordnung der Drehachsen bleibt der Deckel hinten und die Urne geöffnet. Die Seitenteile sind durchsichtig, um den Wahlvorgang zu überwachen.

U2

Benennung	Aufgabe und Funktion
Pos. 1: „Rahmenbügel_oben“	– Teil des Rahmens – Aufnahme der Drehachsen – Befestigung des Mantelblechs und der Seitenscheiben
Pos. 14: „Achsscheibe“	– Verhindert das Verrutschen der Dreharme an den Achsen (oben und unten)
Pos. 19: „Hutmutter“	– Schützt beim Eingriff in die Urne vor den Gewindeenden der Schrauben

U3

Geg.: siehe Zeichnung AP1-2
Ges.: L

Losung:

$$L = 2 \cdot l_1 + 2 \cdot l_2 + l_3 + d_m \cdot \pi$$

$$L = 2 \cdot 20\text{ mm} + 2 \cdot 20\text{ mm} + 110\text{ mm} + 15\text{ mm} \cdot \pi$$

$$L = 40\text{ mm} + 40\text{ mm} + 110\text{ mm} + 47{,}12\text{ mm}$$

$$L = \underline{\underline{237{,}12\text{ mm}}}$$

Antwort: Die theoretische Gesamtlänge des Bauteils Griff beträgt 237,12 mm.

© Westermann Gruppe

U4

Geg.: siehe Zeichnung AP1-2
Ges.: F_G

Lösung:

$L_{Gesamtlänge} = 2 \cdot \text{Rahmenbügel} + 4 \cdot \text{Rahmenstützen}$

$L_{ges.} = 2 \cdot l_1 + 4 \cdot l_2$

$L_{ges.} = 2 \cdot 777{,}14\ \text{mm} + 4 \cdot 160\ \text{mm}$

$L_{ges.} = 2\,194{,}28\ \text{mm}$

$V = L_{ges.} \cdot b \cdot h$

$V = 2\,194{,}28\ \text{mm} \cdot 20\ \text{mm} \cdot 3\ \text{mm}$

$V = 131\,656{,}8\ \text{mm}^3$

$m = V \cdot \rho$

$m = 131\,656{,}8\ \text{mm}^3 \cdot 7{,}85\ \text{kg/dm}^3$

$m = 0{,}1316568\ \text{dm}^3 \cdot 7{,}85\ \text{kg/dm}^3$

$m = 1{,}034\ \text{kg} + 0{,}25\ \text{kg}$

$m = 1{,}284\ \text{kg}$

$F_G = m \cdot g$

$F_G = 1{,}284\ \text{kg} \cdot 9{,}81\ \text{m/s}^2$

$F_G = \underline{\underline{12{,}6\ \text{N}}}$

Antwort: Das Gestell hat eine Gewichtskraft von 12,6 N.

U5

- Zugfestigkeit: 500 –700 N/mm²
- Korrosionsbeständig
- Gut schweißbar
- Bis 600 °C zugelassen
- Gut umformbar
- Gut polierfähig

© Westermann Gruppe

Abschlussprüfung Teil 1 – Schriftliche Aufgabenstellung

U6

Angabe	Bedeutung
Vk	Warmgewalzter Vierkantstahl
EN	Europa Norm/Europäische Norm
10059	Norm-Nummer
20	Kantenlänge 20 mm/(20 · 20)
40	Zuschnittlänge 40 mm

U7

- Austenitischer Edelstahl (hochlegierter Stahl)
- 0,05 % Kohlenstoffanteil
- 18 % Chromanteil
- 10 % Nickelanteil

© Westermann Gruppe

U8

Angabe	Wert in N/mm²
R_m	800
R_e	640

U9

- Stahlmaß
- Gliedermaßstab
- Bandmaß

U10

Die Grenzrachenlehre hat eine Gutseite und eine Ausschussseite.
Diese Ausschussseite ist rot gekennzeichnet.
Passt keine der beiden Seiten über die Welle, ist diese zu groß.
Passt die Ausschussseite, ist die Welle zu klein und folglich Ausschuss.
Passt nur die Gutseite über die Welle, ist diese im Maß.

U11

- Anschlagwinkel
- Haarwinkel
- Vergleichen der diagonalen Längen

U12

- Streichmaß
- Höhenreißer
- Reißnadel
- Stahlmaßstab
- Anschlagwinkel

U13

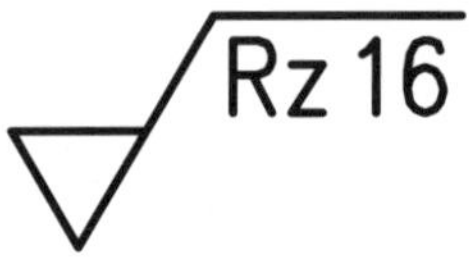

Materialabtrag vorgeschrieben,
Wahl des Fertigungsverfahrens unter Berücksichtigung von einer gemittelten Rautiefe von 16 µm, z. B. Feilen

U14

- Vor dem Anschließen prüfen, ob der Betriebsschalter auf „AUS“ steht
- Vor dem Anschließen Bohrer einspannen
- Vor dem Einschalten sicheren Stand einnehmen
- Vor dem Bohrerdurchtritt durch das Werkstück den Anpressdruck verringern
- Maschine nicht feucht werden lassen, selbst nicht im Wasser stehen, nasse Maschinen nicht anfassen
- Maschine nicht mit eingespanntem Bohrer ablegen

U15

Sicherheitsschuhe tragen

U16

- Vorschub verkleinern
- Auskraglänge verkleinern
- Schnittwerte prüfen

U17

$v_c = 15$ m/min

© Westermann Gruppe

U18

bei $v_c = 15$ m/min
$n = 450$ min^{-1}

bei $v_c = 30$ m/min
$n = 900$ min^{-1}

U19

bei $v_c = 15$ m/min

Geg.: $v_c = 15$ m/min; $d = 10$ mm
Ges.: n in min^{-1}

Lösung:

$$n = \frac{v_c}{\pi \cdot d} = \frac{15\ \text{m/min}}{\pi \cdot 0{,}01\ \text{m}} = \underline{\underline{477{,}5\ \text{min}^{-1}}}$$

Antwort: Die rechnerisch ermittelte Drehzahl beträgt 477,5 Umdrehungen pro Minute.

bzw.

bei $v_c = 30$ m/min

Geg.: $v_c = 30$ m/min; $d = 10$ mm
Ges.: n in min^{-1}

Lösung:

$$n = \frac{v_c}{\pi \cdot d} = \frac{30\ \text{m/min}}{\pi \cdot 0{,}01\ \text{m}} = \underline{\underline{955\ \text{min}^{-1}}}$$

Antwort: Die rechnerisch ermittelte Drehzahl beträgt 955 Umdrehungen pro Minute.

U20

Die Passung darf keinesfalls kleiner ausfallen, da sich sonst der Dreharm auf der Achse verklemmt. Folglich lässt sich die Urne nicht mehr öffnen.

U21

Angabe	Bedeutung
||	I-Naht
– – – –	Bezugsstrichlinie/Naht auf gegenüberliegender Seite des Pfeils
141	Anzuwendendes Schweißverfahren, WIG-Schweißen
s3	Nahtstärke

© Westermann Gruppe

U22

Geg.: $a = 140$ mm; $b = 160$ mm
Ges.: c (X)

Lösung:

$a^2 + b^2 = c^2$

$c = \sqrt{a^2 + b^2}$

$c = \sqrt{(140\,\text{mm})^2 + (160\,\text{mm})^2}$

$c = \sqrt{45\,200\,\text{mm}^2}$

$c = \underline{\underline{212{,}60\,\text{mm}}}$

Antwort: Das Prüfmaß X hat ein Maß von 212,60 mm.

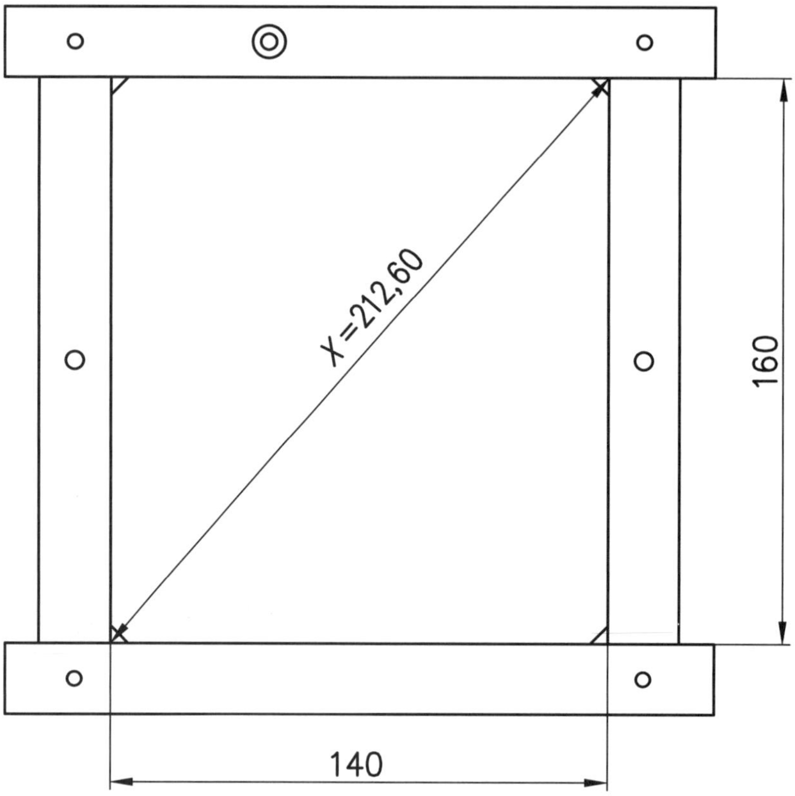

U23

Nr.	Arbeitsschritt	Benötigte Werkzeuge und Hilfsmittel
1	Rohmaße prüfen	Messschieber, Stahlmaßstab
2	Bohrungen anreißen	Reißnadel, Anschlagwinkel
3	Bohrungen körnen	Körner, Schlosserhammer
4	Bohren Ø 9,8 mm	Bohrer Ø 9,8 mm
5	Bohrungen senken	Kegelsenker 60°
6	Bohrungen reiben	Reibahle Ø 10H7, Schmiermittel
7	Radien anreißen	Radienschablone, Reißnadel
8	Radien feilen	Flachfeile
9	Endkontrolle	Flachwinkel, Stahlmaßstab, Messschieber, Radienlehre, Grenzlehrdorn

© Westermann Gruppe

Prüfung 3: Schutzbox

Lösungen

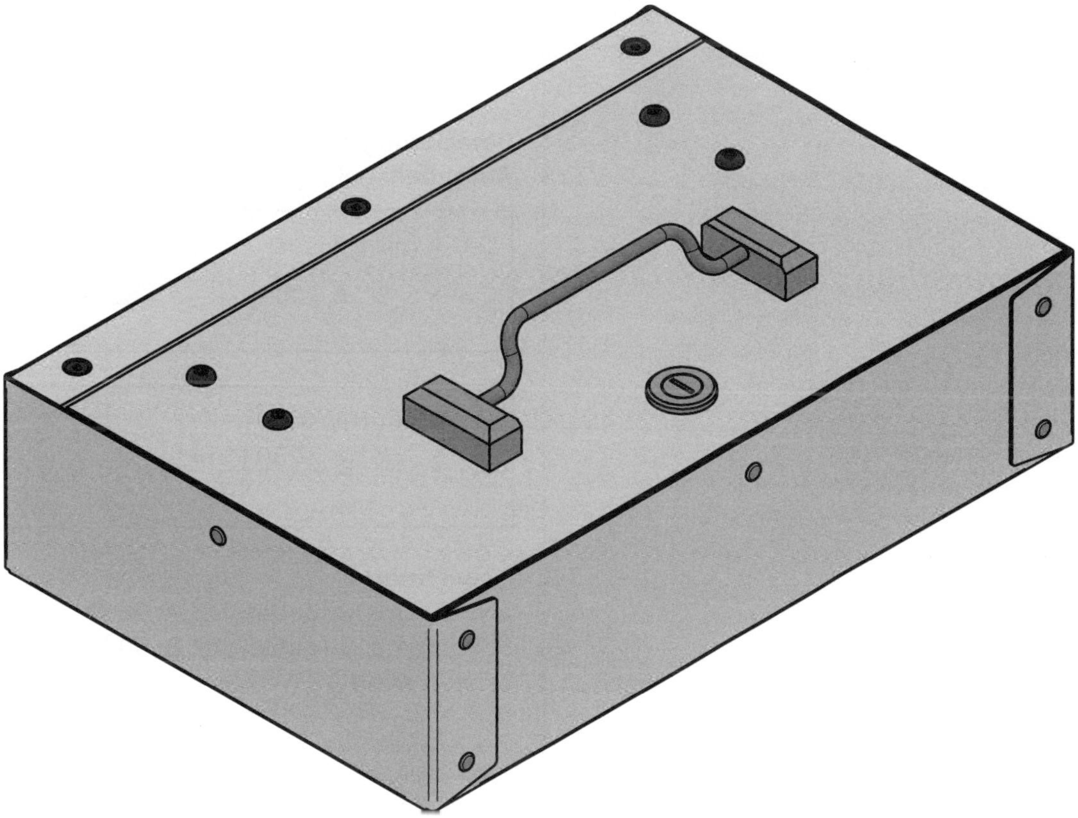

© Westermann Gruppe

Berechnung der Ergebnisse der schriftlichen Aufgabenstellungen:

Teil **A** mit Divisor: 0,4 → z. B.: **A** = $\frac{20 \text{ Punkte}}{0{,}4} = 50\ \%$

Teil **B** mit Divisor: 4,6 → z. B.: **B** = $\frac{230 \text{ Punkte}}{4{,}6} = 50\ \%$

Gewichtung:

Schriftliche Aufgaben Teil **A**: 50 %

Schriftliche Aufgaben Teil **B**: 50 %

Abschlussprüfung Teil 1 – Schriftliche Aufgabenstellung

Lösungen Teil A

1 ①
2 ⑤
3 ⑤
4 ①
5 ③
6 ③
7 ④
8 ③
9 ①
10 ②
11 ③
12 ⑤
13 ②
14 ②
15 ④
16 ①
17 ②
18 ③
19 ②
20 ②

Hinweise zur Bewertung

Schriftliche Aufgaben:
Es sind:
Teil **A**
– 20 gebundene Aufgaben à 1 Punkt

Teil **B**
– 23 ungebundene Aufgaben à 10 Punkte

Berechnung der Ergebnisse der schriftlichen Aufgabenstellungen:

Teil **A** mit Divisor:
0,4 → z. B.: $\mathbf{A} = \frac{20 \text{ Punkte}}{0{,}4} = 50\ \%$

Teil **B** mit Divisor:
4,6 → z. B.: $\mathbf{B} = \frac{230 \text{ Punkte}}{4{,}6} = 50\ \%$

Gewichtung:
Schriftliche Aufgaben Teil **A**: 50 %
Schriftliche Aufgaben Teil **B**: 50 %

© Westermann Gruppe

Abschlussprüfung Teil 1 – Schriftliche Aufgabenstellung

Lösungen Teil B

U1

Die Schutzbox wird mit einem Schlüssel geöffnet. Hierfür wird der Schlüssel eingesteckt und der Schlossriegel um min. 90 Grad gedreht. Der Deckel (Pos. 2) kann nun am Griff (Pos. 9) angehoben werden. Jetzt kann der Inhalt der Schutzbox entnommen bzw. neuer Inhalt eingelegt werden.

U2

Benennung	Aufgabe und Funktion
Pos. 6: „Drehhebel“	– Bildet das Scharnier der Box, durch die ausgeklinkte Form begrenzen beide den Öffnungswinkel des Deckels.
Pos. 10: „Rahmenblende“	– Schützt die Scharniere vor Manipulation und verhindert den Eingriff zwischen Profilrahmen und Deckel.
Pos. 3: „Profilrahmen“	– Dient als Innenrahmen für die Blechbox (Pos. 1)

© Westermann Gruppe

U3

Geg.: siehe Zeichnung AP1-3-1
Ges.: L

Lösung:

$L = 2 \cdot l_1 + l_2 + d_m \cdot \pi$

$L = 2 \cdot 20\,\text{mm} + 65\,\text{mm} + 20\,\text{mm} \cdot \pi$

$L = 2 \cdot 20\,\text{mm} + 65\,\text{mm} + 62{,}83\,\text{mm}$

$L = \underline{\underline{167{,}83\,\text{mm}}}$

Antwort: Die theoretische Gesamtlänge des Bauteils Griff beträgt 167,83 mm.

Abschlussprüfung Teil 1 – Schriftliche Aufgabenstellung

U4

Angabe	Bedeutung
S	Stahl für Stahlbau
235	Mindeststreckgrenze $R_e = 235\ \text{N/mm}^2$
JR	Kerbschlagarbeit von 27 Joule bei 20 °C
+C	Kaltverfestigt

U5

Die Aussparung am Drehhebel ist nötig, um den Deckel der Schutzbox vollständig öffnen zu können. Wäre keine Aussparung, so würden die Drehhebel an die Rahmenblende anstoßen. Es wären keine verdeckten Scharniere möglich und so eine Manipulation dieser möglich.

U6

Geg.: $l = 140$ mm
$F = 60$ N
Ges.: M

Lösung:

$M = F \cdot l$

$M = 60\ \text{N} \cdot 140\ \text{mm}$

$M = 60\ \text{N} \cdot 0{,}14\ \text{m}$

$M = \underline{\underline{8{,}4\ \text{Nm}}}$

Antwort: Das Anziehmoment beträgt 8,4 Nm.

© Westermann Gruppe

U7

- Das Sägeblatt wellen.
- Die Sägezähne schränken.
- Das Sägeblatt hohlschleifen.

U8

Geg.: siehe Zeichnung AP 1-3-8
Ges.: a, b, c

Lösung:

$a = 80\,\text{mm} - 37{,}5\,\text{mm} - 21{,}24\,\text{mm} = 21{,}26\,\text{mm}$

$b = 35{,}5\,\text{mm} - 13{,}75\,\text{mm} - 8\,\text{mm} = 13{,}75\,\text{mm}$

$a^2 + b^2 = c^2$

$c = \sqrt{a^2 + b^2}$

$c = \sqrt{(21{,}26\,\text{mm})^2 + (13{,}75\,\text{mm})^2}$

$c = \underline{\underline{25{,}31\,\text{mm}}}$

Antwort: Der schräge Sägeschnitt am Drehhebel ist 25,31 mm lang.

U9

- Name/Art der Feile
- Feilenform (Querschnitt)
  Feilenlänge
- Hiebnummer

U10

- Festen Sitz des Feilenheftes prüfen
- Defekte Feilenhefte austauschen
- Werkstück fest einspannen
- Werkstück so kurz wie möglich spannen
- Auf sicheren Stand achten

U11

Der Gewinde-Grenzlehrdorn hat eine Gutseite und eine Ausschussseite.
Diese Ausschussseite ist mit einem roten Ring gekennzeichnet.
Passt keine der beiden Seiten in das Innengewinde, ist das Gewinde zu klein.
Passt die Ausschussseite, ist das Gewinde zu groß und folglich Ausschuss.
Passt die Gutseite in das Gewinde, ist dieses im Maß.

© Westermann Gruppe

Abschlussprüfung Teil 1 – Schriftliche Aufgabenstellung

U12

	Maß 30 mm	Maß 32°
Nennmaß	30 mm	32°
Höchstmaß	30° 30‘	32,3°
Mindestmaß	29° 30‘	31,7°
Toleranz	1°	0,6°

U13

a) Eigenschaften: eher Übermaßpassung als Spiel
zum Fügen ist geringer Kraftaufwand nötig
b) Anwendungsbeispiele: Bohrbuchsen in Vorrichtungen und Lagerbuchsen in Gehäusen

U14

- Feilen
- Fräsen
- Schleifen
- Stoßen
- Längsdrehen
- Plandrehen
- Hobeln
- Aufbohren
- Reiben

U15

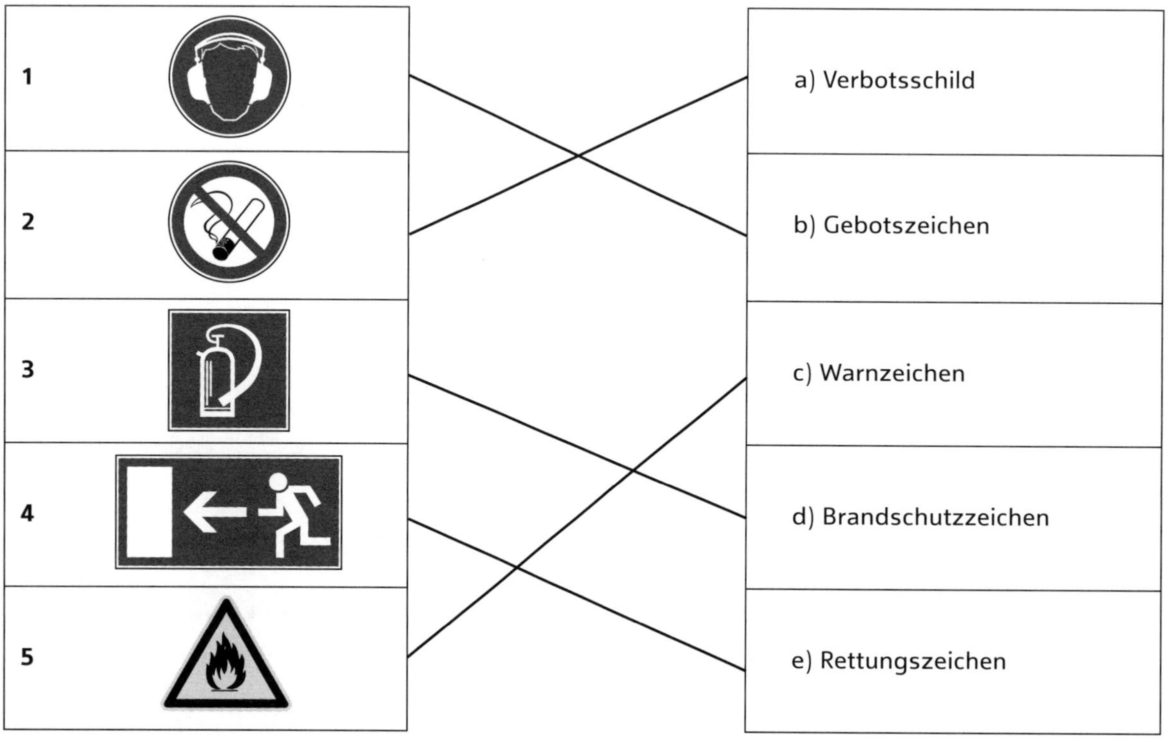

© Westermann Gruppe

Abschlussprüfung Teil 1 – Schriftliche Aufgabenstellung

U16

- Kühlschmierstoffzufuhr erhöhen
- Vorschub verkleinern
- Schnittgeschwindigkeit erhöhen
- Auskraglänge verkleinern
- Schnittwerte prüfen

U17

Weil sonst die Bohrung nicht genau fluchten und so:
- Die Zylinderstifte nicht eingeschlagen werden können.
- Das Scharnier im ganzen nicht montierbar wäre.
- Der Deckel sich nicht öffnen ließe.

U18

- HY-Naht
- Ausführung: konvex
- Nahtdicke: 2 mm
- Ordnungsnummer 135: Metall-Aktivgasschweißen (MAG)

U19

Angabe	Bedeutung
ISO 14341	Schweißgut in ISO 14341 genormt
A	Unterteilung nach Streckgrenze und Kerbschlagarbeit von 47 Joule
G	Kennbuchstabe für Metall-Schutzgasschweißen
38	Kennziffer für Festigkeit und Bruchdehnung des reinen Schweißgutes; Mindeststreckgrenze 380 N/mm^2
0	Kennnummer für die Kerbschlagarbeit des reinen Schweißgutes bei 0°
M21	Zu verwendendes Schutzgas
G2Si1	Chemische Zusammensetzung des Schweißgutes; Werkstoffnummer 1.5112

© Westermann Gruppe

Abschlussprüfung Teil 1 – Schriftliche Aufgabenstellung

U20

- Mangelnde Nahtvorbereitung
- Verlaufendes Schweißbad
- Fehlerhafte Brennerführung
- Zu geringe Stromstärke

U21

- Der äußere Werkstoffbereich wird gestreckt.
- Der mittlere Werkstoffbereich bleibt neutral.
- Der innere Werkstoffbereich wird gestaucht.

U22

- Die Sechskantmuttern kontern sich gegenseitig.
- So kann sich das Schloss nicht lösen.
- Ein unbeabsichtigtes Öffnen durch ein loses Schloss wird vermieden.

U23

Nr.	Arbeitsschritt	Benötigte Werkzeuge und Hilfsmittel
1	Rohmaße prüfen	Messschieber, Stahlmaßstab
2	Bohrungen für Passungen Ø H7 auf Bauteil anzeichnen	Parallelreißer/Schlosserhammer/Körner
3	Bauteile zusammen fixieren und Bohrungen Ø 4,8 mm bohren	Spannstock/Säulenbohrmaschine Bohrer Ø 3,8 mm
4	Bauteile fixiert lassen; Bohrungen senken	Kegelsenker 60°
5	Bauteile fixiert lassen; Passung Ø 5H7 reiben	Reibahle Ø 5H7
6	Passung mit Grenzlehrdorn Ø 4H7 prüfen	Grenzlehrdorn Ø 5H7
7	Fixierung lösen; Bohrungen fertig senken	Kegelsenker 60°
8	Bauteile mit Zylinderstift (Pos. 12) fügen	Gummihammer
9	Endkontrolle und Lagekontrolle	Flachwinkel, Stahlmaßstab, Messschieber, Radienlehre, Grenzlehrdorn

© Westermann Gruppe

Prüfung 4: Schlüsselkasten

Lösungen

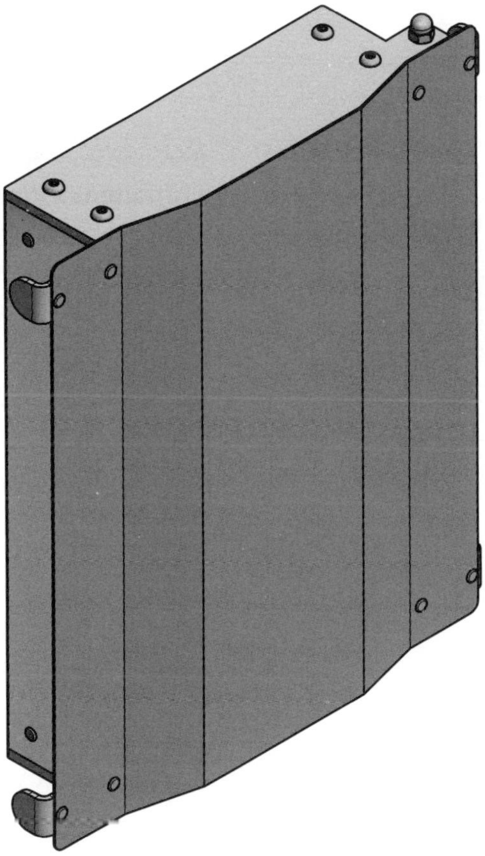

© Westermann Gruppe

Berechnung der Ergebnisse der schriftlichen Aufgabenstellungen:

Teil **A** mit Divisor: 0,4 → z. B.: **A** = $\frac{20 \text{ Punkte}}{0,4} = 50\ \%$

Teil **B** mit Divisor: 4,6 → z. B.: **B** = $\frac{230 \text{ Punkte}}{4,6} = 50\ \%$

Gewichtung:
Schriftliche Aufgaben Teil **A**: 50 %
Schriftliche Aufgaben Teil **B**: 50 %

Abschlussprüfung Teil 1 – Schriftliche Aufgabenstellung

Lösungen Teil A

1 ①

2 ③ (Hinweis: Edelstahl ist meist unmagnetisch)

3 ①

4 ③

5 ④

6 ②

7 ④

8 ①

9 ①

10 ⑤

11 ④

12 ⑤

13 ④

14 ①

15 ②

16 ②

17 ①

18 ④

19 ⑤

20 ①

Hinweise zur Bewertung

Schriftliche Aufgaben:
Es sind:
Teil **A**
– 20 gebundene Aufgaben à 1 Punkt

Teil **B**
– 23 ungebundene Aufgaben à 10 Punkte

Berechnung der Ergebnisse der schriftlichen Aufgabenstellungen:

Teil **A** mit Divisor:
0,7 → z. B.: $\mathbf{A} = \frac{20 \text{ Punkte}}{0{,}4} = 50\ \%$

Teil **B** mit Divisor:
4,6 → z. B.: $\mathbf{B} = \frac{230 \text{ Punkte}}{4{,}6} = 50\ \%$

Gewichtung:
Schriftliche Aufgaben Teil **A**: 50 %
Schriftliche Aufgaben Teil **B**: 50 %

© Westermann Gruppe

Abschlussprüfung Teil 1 – Schriftliche Aufgabenstellung

Lösungen Teil B

U1

Im Ruhezustand ist der Deckel geschlossen.
Die Gewindeachse ermöglicht das Öffnen des Deckels.
Im Inneren des Schlüsselkastens werden zehn Schrauben sichtbar, die auf zwei Hakenleisten à fünf Schrauben angebracht sind. Die Stabilität und die Tiefe des Schlüsselkastens ermöglicht die Aufbewahrung von verschiedenen Schlüsseln, die aufgehängt werden können.
Schließt man den Deckel wieder, so bleibt dieser geschlossen.
Durch die spiegelsymmetrische Bauweise kann der Schlüsselkasten links oder rechts herum aufgehängt werden.

U2

Benennung	Aufgabe und Funktion
Pos. 6: „Deckelplatte“	– Schließt den Schlüsselkasten oben und unten ab – Nimmt die Gewindeachse (Pos. 10) auf – Legt die Drehposition fest
Pos. 10: „Gewindeachse“	– Bildet die Drehachse für den Deckel
Pos. 11: „Hutmutter“	– Verhindert das Abrutschen von Schlüsseln – Dient als Schutz vor den freien Gewindeenden der Sechskantschrauben mit Ganzgewinde (Pos. 16)

U3

- Wenn die Schweißnaht größer als a3 ausfallen würde, kann sich der Drehmechanismus nicht mehr frei drehen.
- Der Deckel würde sich nicht mehr ganz schließen lassen, da vor dem Deckelband die Schweißnaht auf dem Rahmenblech (Pos. 5) aufliegen würde.

U4

Geg.: siehe Zeichnung AP1-4
Ges.: L

Lösung:

$$L = 2 \cdot l_1 + l_2 + \frac{d_m \cdot \pi}{2}$$

$$L = 2 \cdot 14\,\text{mm} + 266\,\text{mm} + \frac{9\,\text{mm} \cdot \pi}{2}$$

$$L = 28\,\text{mm} + 266\,\text{mm} + 14{,}14\,\text{mm}$$

$$L = \underline{\underline{308{,}14\,\text{mm}}}$$

Antwort: Ja, die angegebene Materiallänge reicht aus.

© Westermann Gruppe

Abschlussprüfung Teil 1 – Schriftliche Aufgabenstellung

U5

- Geringe Dichte
- Günstige Festigkeitseigenschaften
- Gute Witterungs- und Seewasserbeständigkeit
- Gute Umformbarkeit
- Gute Spanbarkeit
- Funkenfreiheit
- Hohe Wärmeleitfähigkeit
- Magnetisch neutral
- Gesundheitlich unbedenklich
- Elektrisch leitend

Weitere Antworten sind möglich.

U6

- Nietkopf: Aluminium
- Dorn: Stahl

U7

Das Prüfmittel wird zum Prüfen von Außengewinden verwendet.
Es werden zwei Ringe benötigt. Der breite Ring (Gutseite) gibt das Höchstmaß vor. Der zweite Ring ist die Ausschussseite.
Passt kein Ring auf das Außengewinde, ist das Gewinde zu groß.
Passt die Ausschussseite, ist das Gewinde zu klein und folglich Ausschuss.
Passt die Gutseite auf das Gewinde, ist dieses im Maß.

U8

$n = 1\,400 \text{ min}^{-1}$

U9

Geg.: $v_c = 25$ m/min; $d = 6{,}5$ mm
Ges.: n in min^{-1}

Lösung:

$$n = \frac{v_c}{\pi \cdot d} = \frac{25 \text{ m/min}}{\pi \cdot 0{,}0065 \text{ m}} = \underline{\underline{1\,224{,}27 \text{ min}^{-1}}}$$

Antwort: Die rechnerisch ermittelte Drehzahl beträgt 1 224,27 Umdrehungen pro Minute.

© Westermann Gruppe

Abschlussprüfung Teil 1 – Schriftliche Aufgabenstellung

U10

Geg.: $l = 3$ mm; $l_s = 0{,}3 \cdot d$; $l_a = l_u = 1$ mm; $d = 1{,}5$ mm; $f = 0{,}10$ mm; $n = 1\,592$ min^{-1}; $i = 10$
Ges.: L; t_h

Lösung:

$$L = l + l_s + l_a + l_u$$

$$L = 3\,\text{mm} + 1{,}5\,\text{mm} + 1\,\text{mm} + 1\,\text{mm}$$

$$L = 6{,}5\,\text{mm}$$

$$t_h = \frac{L \cdot i}{f \cdot n}$$

$$t_h = \frac{6{,}5\,\text{mm} \cdot 10}{0{,}10\,\text{mm} \cdot 1\,592\,\text{min}^{-1}}$$

$$t_h = \underline{\underline{0{,}41\,\text{min}}}$$

Antwort: Die Hauptnutzungszeit für das Bohren beträgt 0,41 min.

U11

- Schneidengeometrie prüfen
- Auskraglänge verringern
- Schnittwerte prüfen
- Hartmetallsorte prüfen

U12

- Der Niederhalter hält das Werkstück parallel zum Untermesser.
  Er verhindert das Aufkippen des Werkstücks.

U13

Geg.: $l_1 = 38$ mm; $l_2 = 150$ mm; $F_1 = 680$ N
Ges.: F_2

Lösung:

$$F_1 \cdot l_1 = F_2 \cdot l_2$$

$$F_2 = \frac{F_1 \cdot l_1}{l_2}$$

$$F_2 = \frac{680\,\text{N} \cdot 38\,\text{mm}}{150\,\text{mm}}$$

$$F_2 = \underline{\underline{127{,}27\,\text{N}}}$$

Antwort: Es ist eine Handkraft von 127,27 N nötig.

© Westermann Gruppe

Abschlussprüfung Teil 1 – Schriftliche Aufgabenstellung

U14

- Hebelnietzange
- Blindniet-Handzange
- Scherennietgerät

U15

- Es sind stets Arbeitshandschuhe zu tragen.
- Es sind stets Gehörschutz und Schutzbrille zu tragen.
- Es ist stets beidhändig zu arbeiten (Gerät kann bei einer Blockade nicht mit einer Hand gehalten werden).
- Es dürfen keine Stöße auf die Scheibe erfolgen.
- Es ist stets eine Schutzhaube zu verwenden, da ansonsten akute Lebensgefahr besteht.
- Es ist stets auf Funkenflug zu achten.
- Das Gerät darf nicht zu stark angedrückt werden.
- Es muss immer der Seitengriff mit verwendet werden.
- Es müssen sofort Scheiben mit Unwucht oder Schäden ausgewechselt werden.
- Es ist an scharfen Kanten Vorsicht geboten.
- Die Maschine ist erst abzulegen, wenn die Scheibe nicht mehr rotiert.
- Die Maschine ist immer sicher abzulegen.

U16

Geg.: $a = 10$ mm; $b = 40$ mm
Ges.: c (X)

Lösung:

$$a^2 + b^2 = c^2$$

$$c = \sqrt{a^2 + b^2}$$

$$c = \sqrt{(10\,\text{mm})^2 + (40\,\text{mm})^2}$$

$$c = \sqrt{1\,700\,\text{mm}}$$

$$c = \underline{\underline{41{,}23\,\text{mm}}}$$

Antwort: Die Länge X beträgt 41,23 mm.

© Westermann Gruppe

Abschlussprüfung Teil 1 – Schriftliche Aufgabenstellung

U17

Geg.: siehe Zeichnung (U17)
Ges.: α

Lösung:

$$\tan\alpha = \frac{G}{A}$$

$$\tan\alpha = \frac{10\,\text{mm}}{40\,\text{mm}}$$

$$\tan\alpha = 0{,}25 \rightarrow \alpha = \underline{\underline{14{,}04°}}$$

Antwort: Der Biegewinkel α beträgt 14,04°.

U18

- 1. Grund: Die Lage der Bauteile wird zueinander fixiert
- 2. Grund: Die Form der Schweißfuge wird trotz Wärmeausdehnung und Abkühlung erhalten

U19

- Ungeeignetes Schweißverfahren
- Ungeeigneter Zusatzstoff
- Zu hohe Wärmeeinbringung
- Fehlerhafte Einstellung der Schweißmaschine
- Ungenügende Wurzelerfassung
- Unzureichende Zugänglichkeit

U20

Angabe	Bedeutung
a3	Nahtdicke
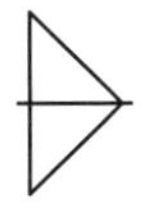	Doppelkehlnaht
2x5	2 Nähte mit je 5 mm Länge
	Nähte versetzt
(20)	Nahtabstand
141	Wolfram-Inertgasschweißen

© Westermann Gruppe

Abschlussprüfung Teil 1 – Schriftliche Aufgabenstellung

U21

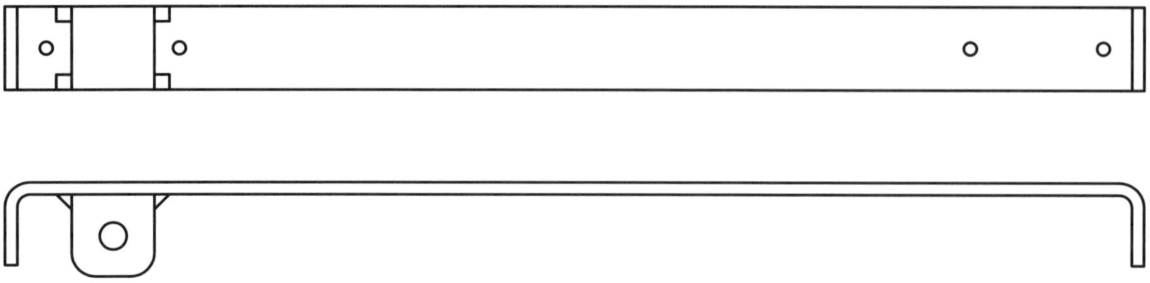

U22

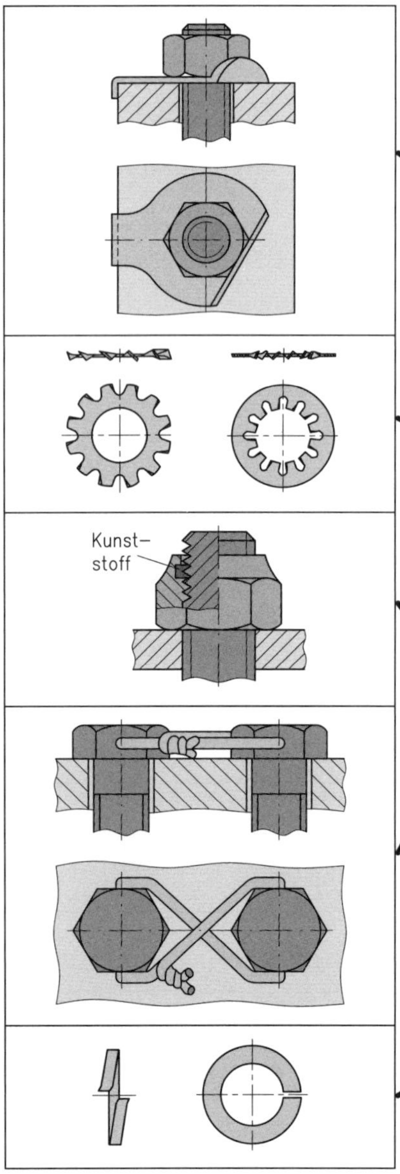

- Drahtsicherung
- Sicherungsblech mit Lappen
- Zahnscheibe
- Federring Form B
- Selbstsichernde Mutter

© Westermann Gruppe

Abschlussprüfung Teil 1 – Schriftliche Aufgabenstellung

U23

Nr.	Arbeitsschritt	Benötigte Werkzeuge und Hilfsmittel
1	Rohmaße prüfen	Messschieber, Stahlmaßstab
2	Bohrung Ø 6,5 mm anreißen	Streichmaß, Reißnadel, Parallelreißer
3	Bohrung körnen	Schlosserhammer, Körner
4	Bohrung fertigen	Bohrmaschine, HSS-Bohrer Ø 6,5 mm
5	Bohrung senken	Bohrmaschine, Kegelsenker 60°
6	Radius R6 anreißen	Radienlehre, Reißnadel
7	Radien feilen	Werkstattfeile
8	Endkontrolle und Lagekontrolle	Flachwinkel, Stahlmaßstab, Messschieber, Radienlehre, Grenzlehrdorn

© Westermann Gruppe